「十三五」国家重点图书出版规划项目

中国建筑工业出版社
学术著作出版基金项目

U0366201

杨廷宝全集 ㊃

【素描卷】

中国建筑工业出版社

图书在版编目（CIP）数据

杨廷宝全集 . 四，素描卷／杨廷宝著；黎志涛主编；
张蕾，沈颖编 . —北京：中国建筑工业出版社，2021.8
ISBN 978-7-112-26467-4

Ⅰ.①杨…　Ⅱ.①杨…　②黎…　③张…　④沈…　Ⅲ.
①杨廷宝（1901-1982）—全集　Ⅳ.① TU-52

中国版本图书馆 CIP 数据核字（2021）第 162439 号

责任编辑：徐晓飞
书籍设计：付金红
责任校对：姜小莲

杨廷宝全集·四·素描卷

＊

中国建筑工业出版社出版、发行（北京海淀三里河路 9 号）
各地新华书店、建筑书店经销
北京雅昌艺术印刷有限公司制版／印刷

＊

开本：880 毫米 ×1230 毫米　1/16　印张：7 $\frac{1}{4}$　字数：224 千字
2021 年 9 月第一版　2021 年 9 月第一次印刷
定价：88.00 元
ISBN 978-7-112-26467-4
　　（37090）

《杨廷宝全集》编委会

策划人名单

东南大学建筑学院	王建国
中国建筑工业出版社	沈元勤　王莉慧

编纂人名单

名誉主编	齐　康　钟训正
主　　编	黎志涛
编　　者	
一、建筑卷（上）	鲍　莉　吴锦绣
二、建筑卷（下）	吴锦绣　鲍　莉
三、水彩卷	沈　颖　张　蕾
四、素描卷	张　蕾　沈　颖
五、文言卷	汪晓茜
六、手迹卷	张　倩　权亚玲
七、影志卷	权亚玲　张　倩

出 版 说 明

　　杨廷宝先生（1901—1982）是20世纪中国最杰出和最有影响力的第一代建筑师和建筑学教育家之一。时值杨廷宝先生诞辰120周年，我社出版并在全国发行《杨廷宝全集》（共7卷），是为我国建筑学界解读和诠释这位中国近代建筑巨匠的非凡成就和崇高品格，也为广大读者全面呈现我国第一代建筑师不懈求索的优秀范本。作为全集的出版单位，我们深知意义非凡，更感使命光荣，责任重大。

　　《杨廷宝全集》收录了杨廷宝先生主持、参与、指导的工程项目介绍、图纸和照片，水彩、素描作品，大量的文章和讲话与报告等，文言、手稿、书信、墨宝、笔记、日记、作业等手迹，以及一生各时期的历史影像并编撰年谱。全集反映了杨廷宝先生在专业学习、建筑创作、建筑教育领域均取得令人瞩目的成就，在行政管理、国际交流等诸多方面作出突出贡献。

　　《杨廷宝全集》是以杨廷宝先生为代表展示关于中国第一代建筑师成长的全景史料，是关于中国近代建筑学科发展和第一代建筑师重要成果的珍贵档案，具有很高的历史文献价值。

　　《杨廷宝全集》又是一部关于中国建筑教育史在关键阶段的实录，它以杨廷宝先生为代表，呈现出中国建筑教育自1927年开创以来，几代建筑教育前辈们在推动建筑教育发展，为国家培养优秀专业人才中的艰辛历程，具有极高的史料价值。全集的出版将对我国近代建筑史、第一代建筑师、中国建筑现代化转型，以及中国建筑教育转型等相关课题的研究起到非常重要的推动作用，是对我国近现代建筑史和建筑学科发展极大的补充和拓展。

　　全集按照内容类型分为7卷，各卷按时间顺序编排：

　　第一卷　建筑卷（上）：本卷编入1927—1949年杨廷宝先生主持、参与、指导设计的89项建筑作品的介绍、图纸和照片。

　　第二卷　建筑卷（下）：本卷编入1950—1982年杨廷宝先生主持、参与、指导设计的31项建筑作品、4项早期在美设计工程和10项北平古建筑修缮工程的介绍、图纸和照片。

　　第三卷　水彩卷：本卷收录杨廷宝先生的大量水彩画作。

第四卷　素描卷：本卷收录杨廷宝先生的大量素描画作。

第五卷　文言卷：本卷收录了目前所及杨廷宝先生在报刊及各种会议场合中论述建筑、规划的文章和讲话、报告，及交谈等理论与见解。

第六卷　手迹卷：本卷辑录杨廷宝先生的各类真迹（手稿、书信、书法、题字、笔记、日记、签名、印章等）。

第七卷　影志卷：本卷编入反映杨廷宝先生一生各个历史时期个人纪念照，以及参与各种活动的数百张照片史料，并附杨廷宝先生年谱。

为了帮助读者深入了解杨廷宝先生的一生，我社另行同步出版《杨廷宝全集》的续读——《杨廷宝故事》，书中讲述了全集史料背后，杨廷宝先生在人生各历史阶段鲜为人知的、生动而感人的故事。

2012 年仲夏，我社联合东南大学建筑学院共同发起出版立项《杨廷宝全集》。2016 年，该项目被列入"十三五"国家重点图书出版规划项目和中国建筑工业出版社学术著作出版基金资助项目。东南大学建筑学院委任长期专注于杨廷宝先生生平研究的黎志涛教授担任主编，携众学者，在多方帮助和支持下，耗时近 9 年，将从多家档案馆、资料室、杨廷宝先生亲人、家人以及学院老教授和各单位友人等处收集到杨廷宝先生的手稿、发表文章、发言稿和国内外的学习资料、建筑作品图纸资料以及大量照片进行分类整理、编排校审和绘制修勘，终成《杨廷宝全集》（7 卷）。全集内容浩繁，编辑过程多有增补调整，若有疏忽不当之处，敬请广大读者指正。

中国建筑工业出版社

2021 年 1 月

前言

　　杨廷宝先生酷爱素描，不仅是为了完成一幅美术作品，更与他作为建筑师的职业特点和工作需要有关。

　　当杨廷宝先生从宾大学成归来，在基泰工程司从事建筑设计执业起，历经半个多世纪，创作出百余座建筑设计作品，与建筑打了一辈子交道，从而对建筑产生深厚的感情。同时，在建筑创作的后期，杨廷宝先生的"大建筑"观扩展到对建筑环境、城市规划和风景区保护的范围，对大自然给予极大的关注。因此，出于职业的爱好与习惯，杨廷宝先生一生都在不停地勾画素描。其素描题材用他自己的话来说："不外乎两种：一种是风景，我喜欢大自然的风景；一种是建筑，我爱好有艺术性的建筑。"

　　翻开《杨廷宝全集·四·素描卷》，只见杨廷宝先生琳琅满目的素描画作美不胜收——从刻画细腻逼真的石膏素描，到描绘形态准确的人体写真；从勾画娴熟流畅的建筑速写，到运笔豪放潇洒的风景写生——我们不难看出，杨廷宝先生的素描功底多么深湛，他对建筑和大自然的热爱多么深厚。这些素描画作，有的是杨廷宝先生现场触景生情有感而画，更多的则是他独创的以"画日记"的方式把所见所爱的建筑记录下来。正如他所言："知识全靠勤奋和积累，科学技术知识如此，造型艺术也是如此。多看、多画好的单体建筑，可以提高一个人的建筑艺术素养。"因此，杨廷宝先生随时随地随身带着"三件宝"——笔、小本子、卷尺，凡是他认为有可取之处的建筑就及时速写下来；时间充裕时，就画得仔细一点；时间短促时，就寥寥几笔，勾个轮廓记录下来。这样，积少成多，聚沙成塔，一方面收集了建筑设计资料，且能印象深刻，经久不忘；另一方面，既培养了概括表现建筑对象的能力，又训练了画面的构图能力，提高艺术修养，可谓一举两得。

　　如果说上述速写式素描是以画作为直观的记录，那么，杨廷宝先生最为擅长的手绘设计草图则是创作构思的记录。这种手脑互动的图示思维是建筑师进行建筑创作的特有手段，也是进行建筑设计的基本功。它不仅能促进建筑师思维能力的提高，又能训练建筑师对建筑的比例、尺度直觉判断的能力。正如杨廷宝先生在画中国古建筑时，常常信手勾上几笔，尺度相差无几了。又或是在教学上，杨廷宝先生辅导学生修改立面方案时，总能动手稍加几笔就完全纠正了原有立面比例、尺度失真的缺陷；而学生再拿比例尺对照修改过的立面图一量，竟然尺寸几乎丝毫不差。这种常人难以达到的功夫，又有谁知道是杨廷宝先生一辈子画了无数这种记录建筑实物和记录创作构思的素描，才练就看似如此轻而易举的几笔呢？正如京剧名角"台上一分钟，台下十年功"，同样只有艰苦付出，才能造诣超群。

　　当然，杨廷宝先生速写式素描作画如此娴熟，还是得益于他在清华、宾大两校打下扎实的人体、静物素描功底，由此训练出对形体轮廓的整体掌控、对比例尺度的准确把握、对明暗关系的入微表现、对空间场景的虚实处理、对材料质感的逼真刻画，以及对画面构图的仔细推敲等等。这些基本功的练就，成为杨廷宝先生将素描作画更多地作为自己对教学工作的一种促进手段，使自己在设计与教学中游刃有余，乐在其中。

　　本卷编纂过程中，得到杨廷宝先生的长女杨士英教授的鼎力支持和热心帮助，她提供了家中珍藏的杨廷宝先生全部素描画作，在此表示衷心地感谢；还要感谢中国建筑工业出版社前社长沈元勤、王莉慧副总编、李鸽副编审、徐晓飞编审（本书责任编辑）给予的悉心指导和热忱帮助。

东南大学建筑学院　黎志涛

2019 年 5 月

目　录

一、石膏静物素描

花饰（一）·1921.11.13

Dec. 9. 1921
T PUYANG

罐·1922.01.06

JAN 31 1922 T. P. YANG

花饰（二） · 1922.01.31

维纳斯像·1923.01.23

安闲男子像·1923.01.29

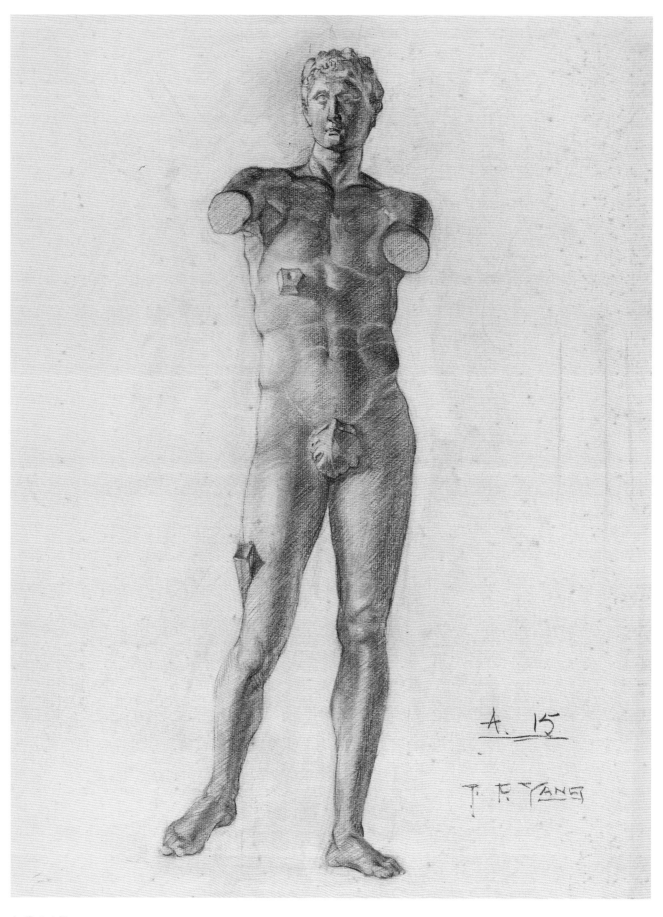

断臂男子像·1923.02.04

运动男子像 · 1923.02.10

二、模特人体写真

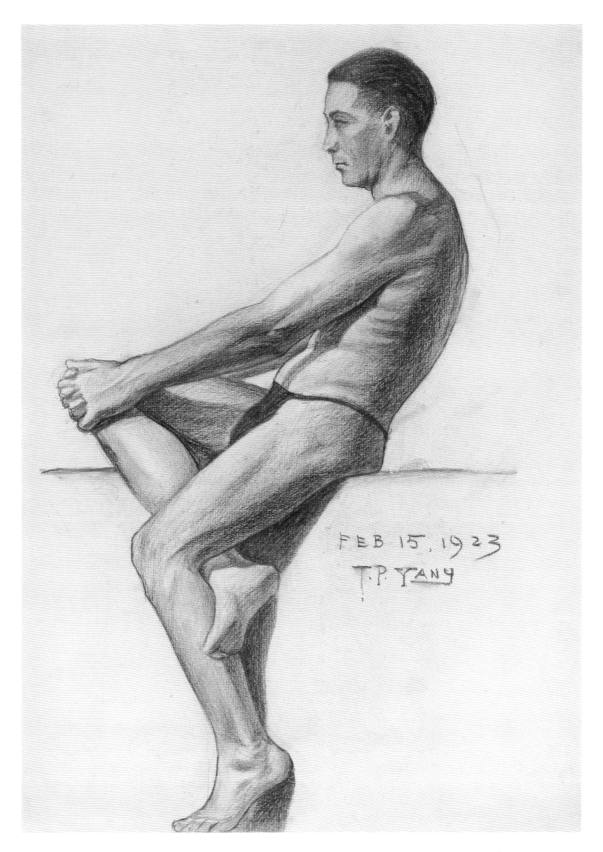

FEB 15, 1923
T.P. YANG

男人坐姿（一）·1923.02.15

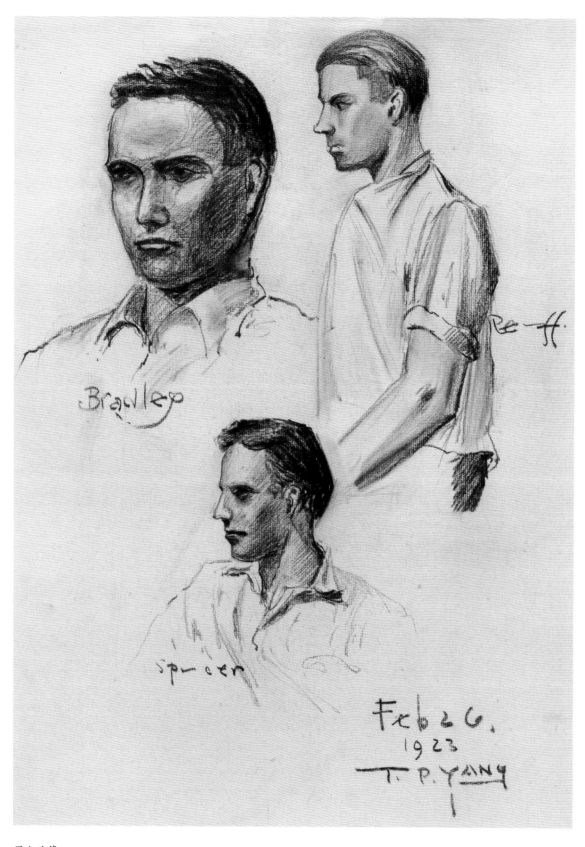

男人头像·1923.02.26

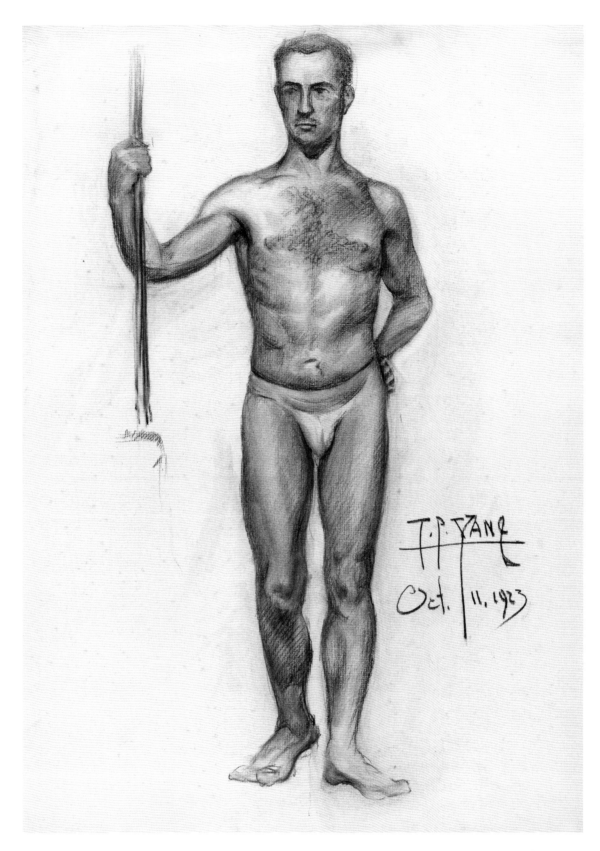

男人立姿（一）· 1923.10.11

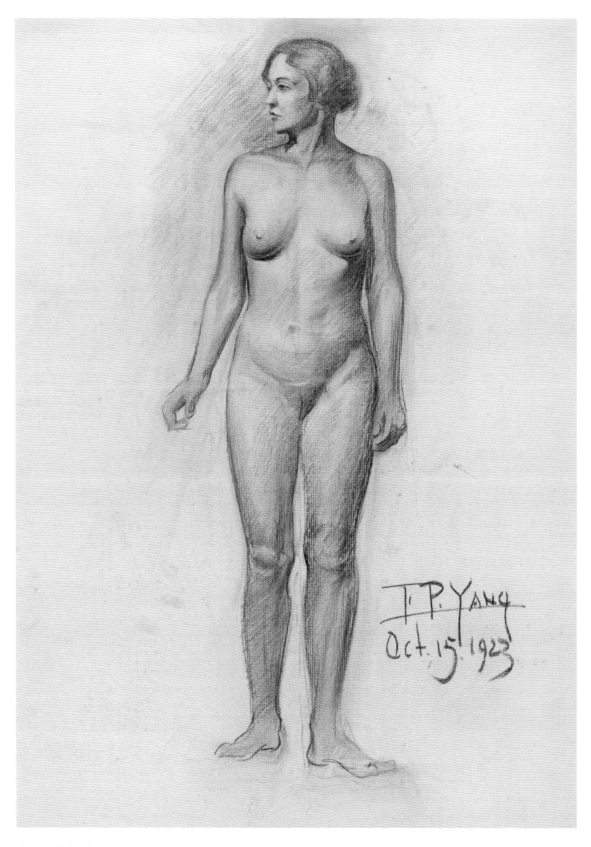

女人立姿（一）·1923.10.15

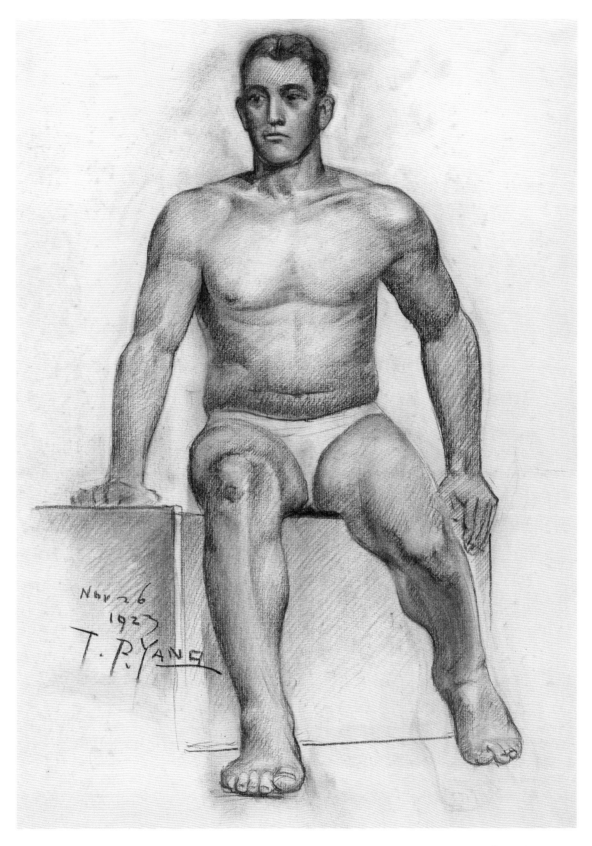

男人坐姿（二） · 1923.11.26

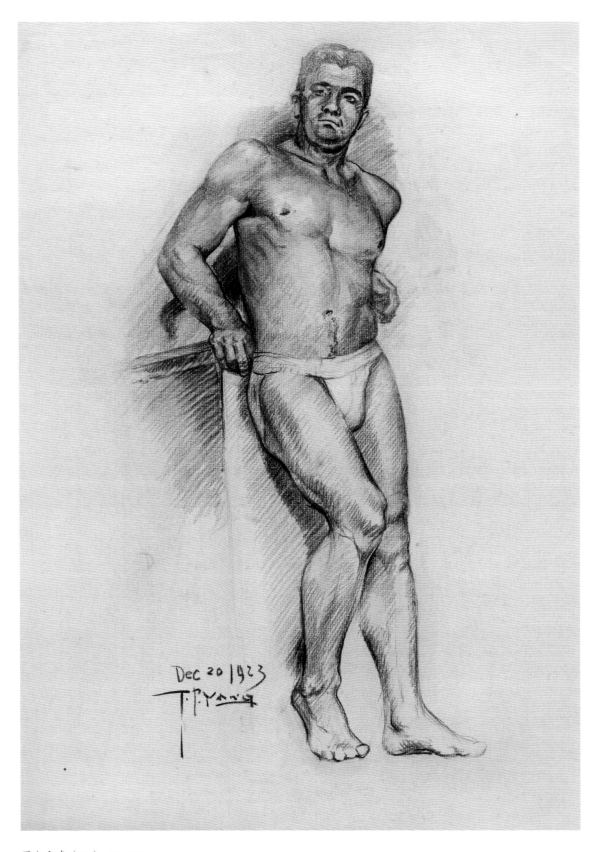

男人立姿（二）· 1923.12.20

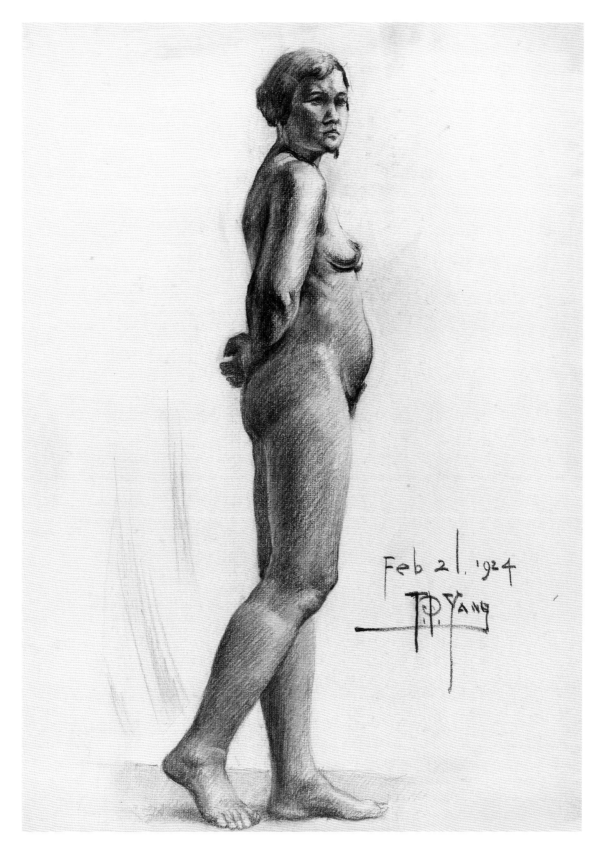

Feb 21, 1924

T.P. Yang

女人立姿（二）·1924.02.21

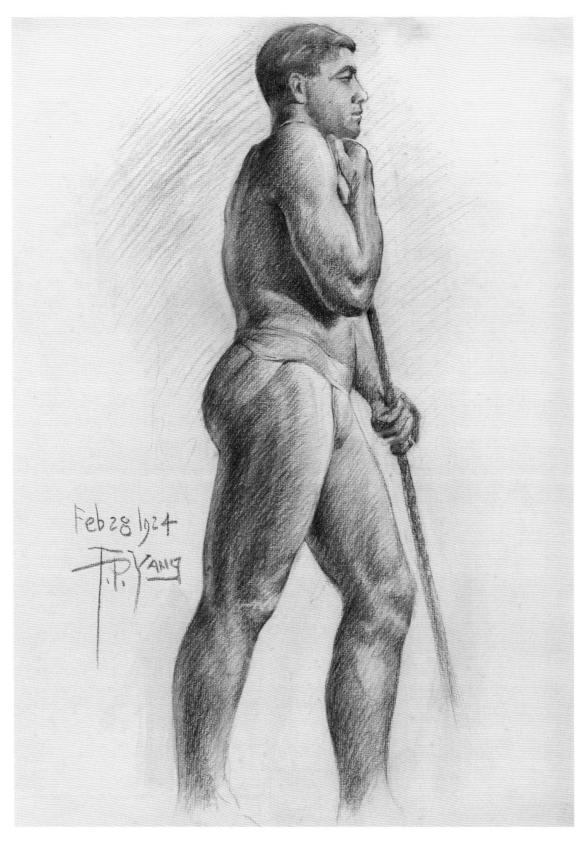

Feb28 1924

T.P.YANG

双手握棍的男人（一）·1924.02.28

March 5 1924

双手握棍的男人（二）·1924.03.05

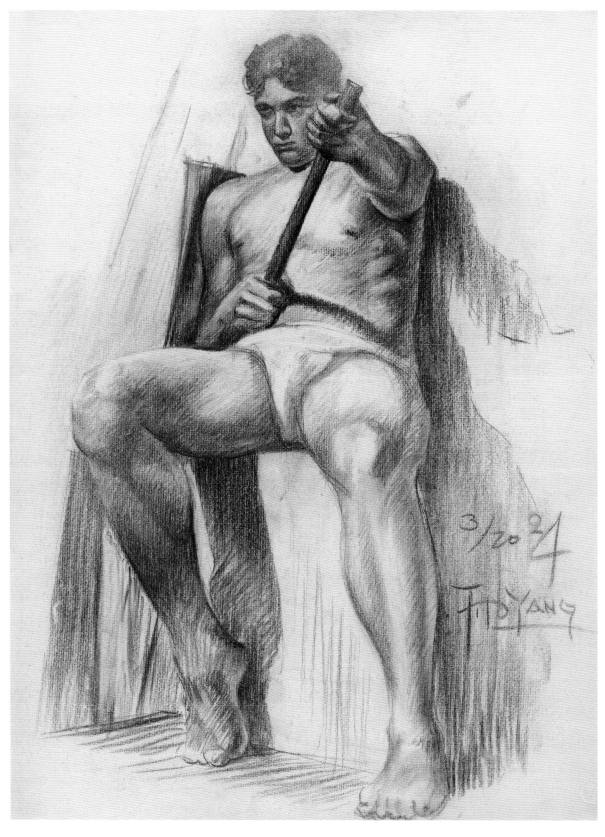

双手握棍的男人（三）·1924.03.20

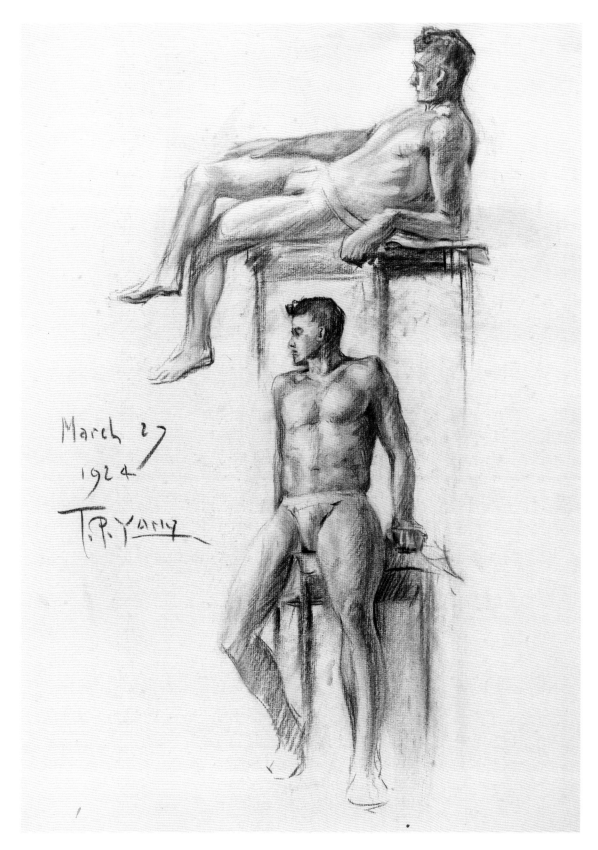

March 27
1924
T.P.Yang

男人坐姿（三）· 1924.03.27

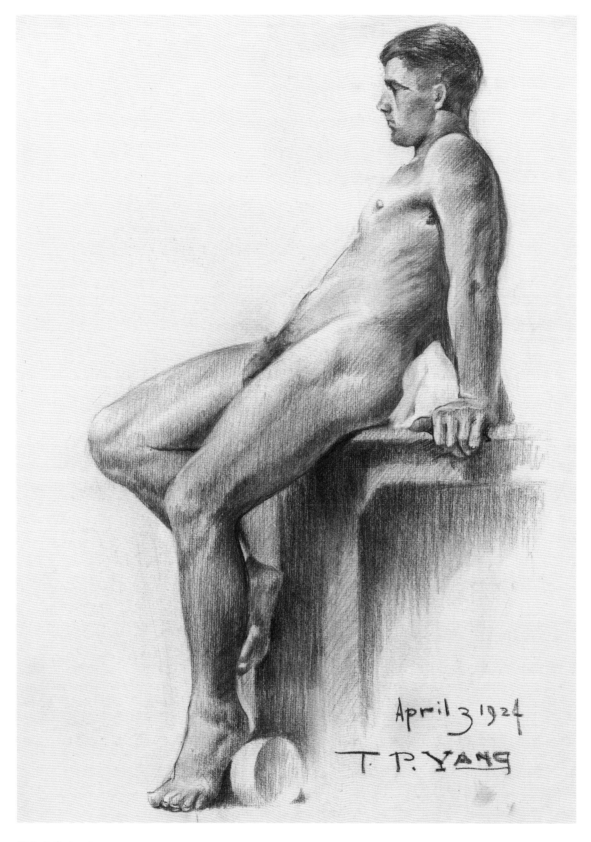

April 3 1924

T. P. YANG

男人坐姿（四）· 1924.04.03

April 10 1924

T. PYANG

男人坐姿（五）· 1924.04.10

April 24, 1924

T.P. YANG

男人坐姿（六）·1924.04.24

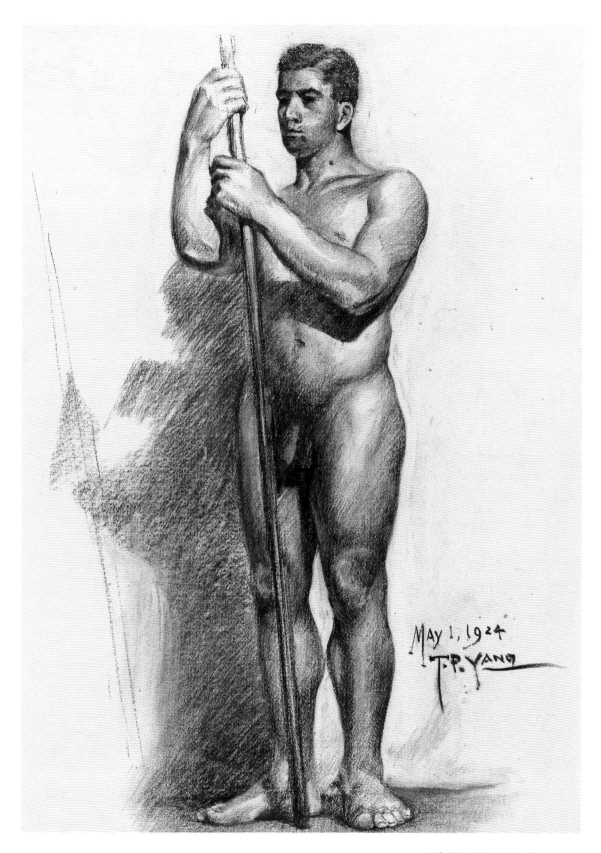

May 1, 1924
T.P. YANG

双手握棍的男人（四） · 1924.05.01

May 8. 1924
T. P. YANG

男人坐姿（七）·1924.05.08

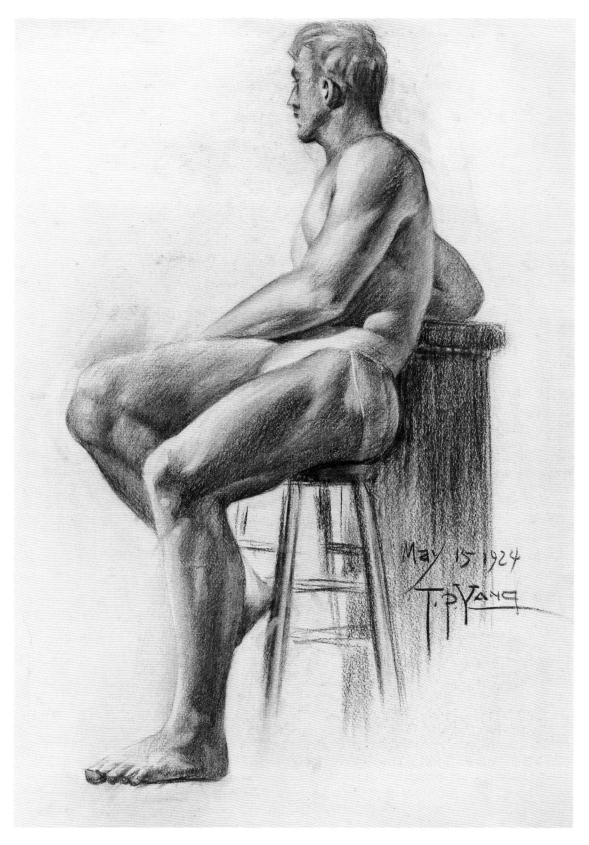

May 15 1924
T.p.Yang

男人坐姿（八）· 1924.05.15

Oct 9 1924
T.P.YANG

男人立姿（三）· 1924.10.09

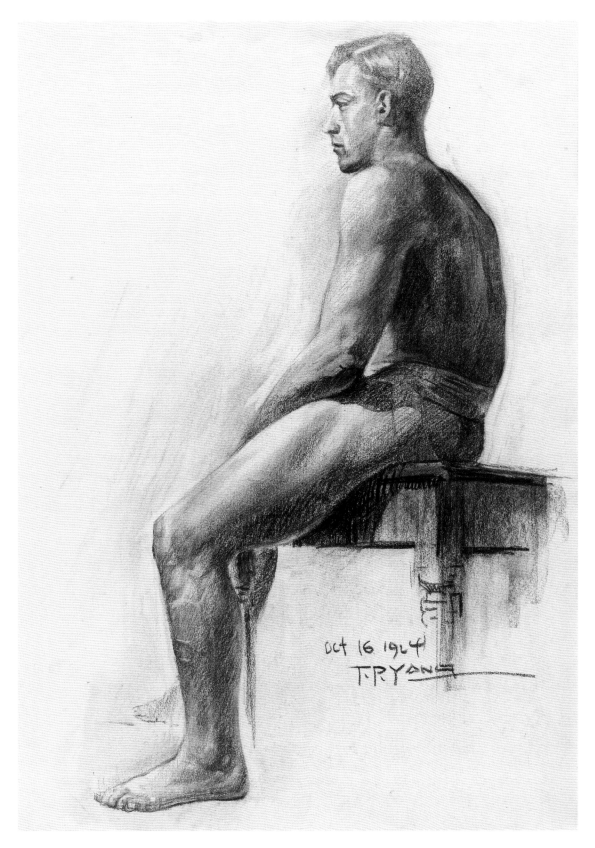

OCT 16 1924
T.R.YANG

男人坐姿（九）·1924.10.16

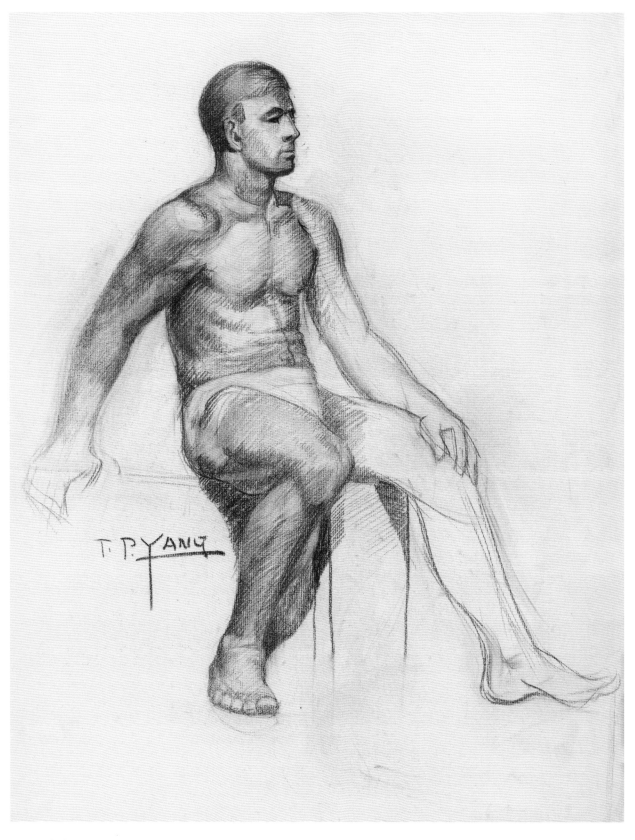

男人坐姿（十）· 1924.10.23

OCT 30 1924
T. P. YONG

男人坐姿（十一） · 1924.10.30

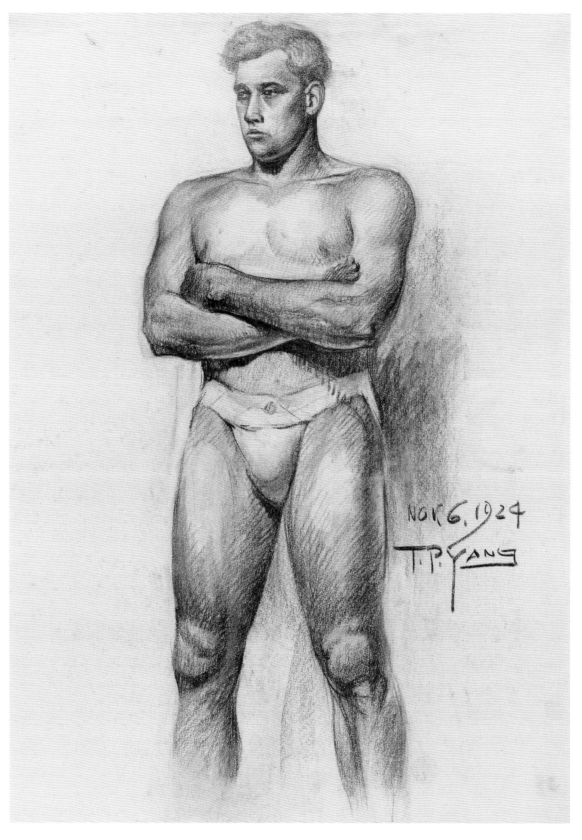

男人立姿（四）·1924.11.06

NOV 13 1924
T. P. YANG

男人坐姿（十二） ·1924.11.13

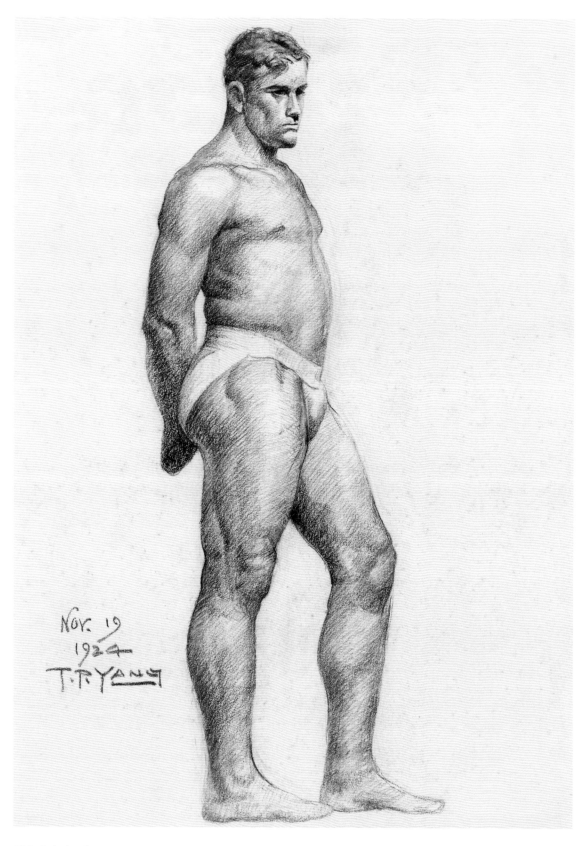

NOV. 19
1924
T.P.YANG

男人立姿（五）·1924.11.19

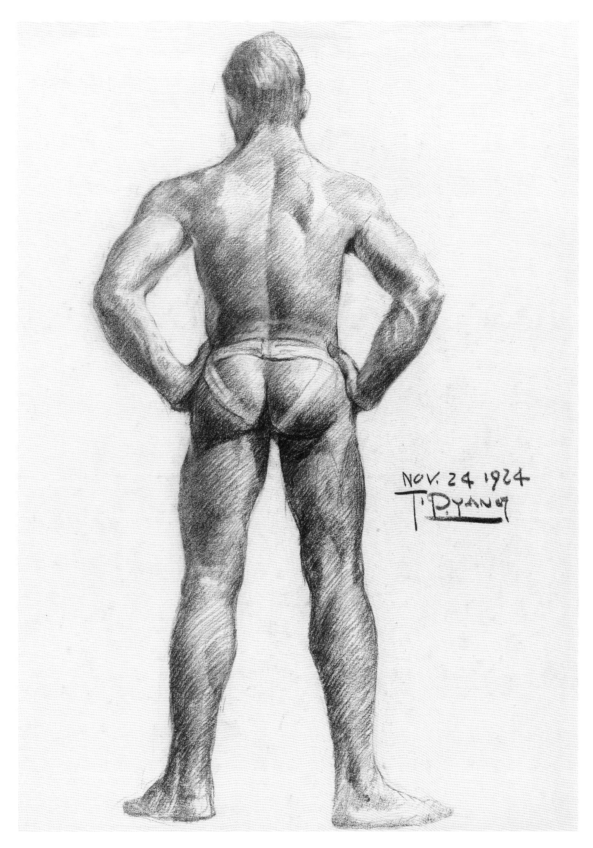

NOV. 24 1924
T. P. YANG

男人立姿（六）·1924.11.24

男人坐姿（十三）·1924.12.17

JAN 14 1925
T. P. YANG

男人坐姿（十四） · 1925.01.14

三、建筑风景写生

儿时居室·1910 年代末

清华学校组画（九幅）·1921.06

（2）图书馆

（3）工字厅内院

（4）工字厅入口

（5）科学馆

（6）体育馆

HIGH SCHOOL BUILDING
1921 T. D. YANG

（7）高等科教学楼

MIDDLE SCHOOL
1921
T P YOUG

（8）中等科教学楼

（9）古月堂

July 4. 1923

T. P. YANG

（1）宾大学生宿舍区入口 · 1923.07.04

留美组画（八幅）

Aug 12 1923

T. P. YANG

（2）费尔蒙公园雕塑·1923.08.12

（3）城堡·1923

T.P. YANG
WASHINGTON
June 29 1926

（4）华盛顿—喷泉·1926.06.29

（5）华盛顿国会大厦·1926.06.30

NATIONAL MUSEUM
WASHINGTON D.C.
July 2 1926

（6）华盛顿国家博物馆·1926.07.02

（7）华盛顿国会大厦广场上节日景象·1926.07.05

July 5 evening
nigal 4th celebration
in front of
THE CAPITOL
WASHINGTON D.C.

（8）华盛顿国会大厦前的庆典·1926.07.05

ELY CATHEDRAL
9/1 1926

（1）伊利教堂·1926.09.01

游学英国速写（九幅）

WINDSOR CASTLE
SEPT. 6 1926

（2）温莎古堡·1926.09.06

BUCKINGHAM
PALACE LONDON
杨廷宝
SEPT 5 1926

（3）伦敦白金汉宫雕塑·1926.09.05

WINDSOR
SEPT 6 1926

（4）英国Berkshire镇·1926.09.06

（5）建筑一角·1926.09.16

（6）英格兰莎士比亚故居之一·1926.09

（7）英格兰莎士比亚故居之二·1926.09

（8）教堂细部·1926.09.19

（9）街巷·1926.09.22

游学法国速写（十七幅）

（1）河中建筑·1926.10.06

（2）凡尔赛宫一景·1926.09.30

（3）转梯·1926.10.02

（4）教堂墙饰·1926.10.06

（5）教堂立面局部·1926.10.08

（6）巴黎方顿博洛别宫雕像·1926.10.03

FONTAINEBLEAU
Oct 3 1926
Y.P. YANG

（7）巴黎方顿博洛别宫水池·1926.10.03

（8）乡村·1926.10.11

（9）农舍·1926.10.11

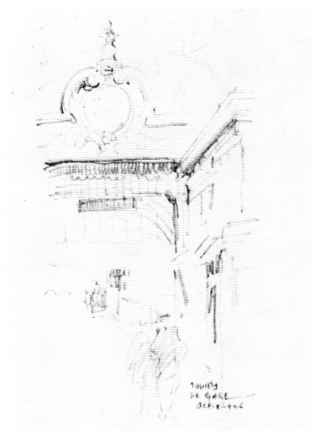

（10）街景·1926.10

（11）城堡·1926.10.10

（12）教堂·1926.10.15

（13）石屋·1926.10.16

（14）高台上小楼·1926.10.21

（15）桥边城堡·1926.10.22

（16）入口拱门·1926.10.27

（17）架空房舍·1926.10

（1）化妆台 · 1926.11.21

（2）奥维托市一瞥 · 1926.11.23

游学意大利速写（四幅）

（3）罗马圣·彼得大教堂广场喷泉 · 1926.12.02

（4）拱门 · 1926.12.10

PIAZZA S. PIETRO
1955·4·23 (一)
ROMA

意大利罗马圣·彼得广场·1955.04.23

ДОНСКИЙ МОНАСТЫРЬ
МОСКВА
1956·4·30 (一)

莫斯科某教堂 · 1956.04.30

英国伦敦 Texco 教堂 · 1963.10.13

南京煦园 · 1965.04.05

北京西郊紫竹林

一九七二·九·八

北京西郊紫竹林·1972.09.08

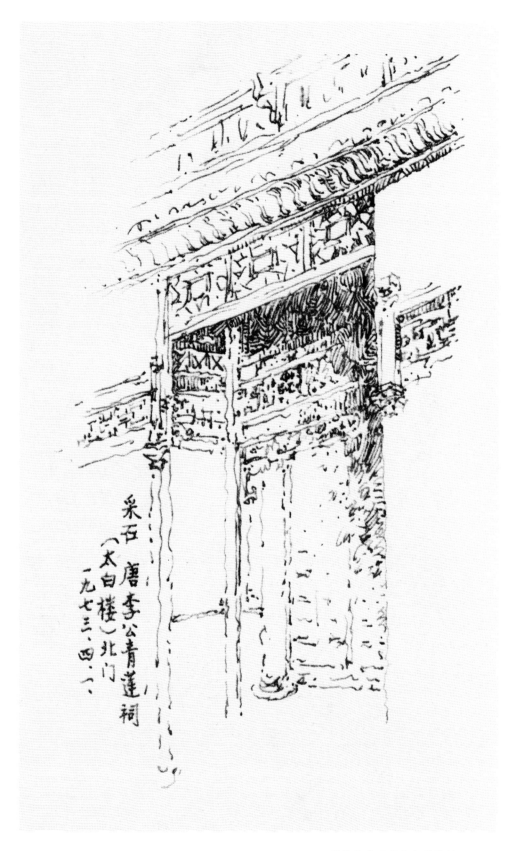

采石　唐李公青莲祠
（太白楼）北门
一九七三·四·一

马鞍山采石矶太白楼北门 · 1973.04.01

北京故宫集福门内 · 1975.09.21

普乐寺 1975·10·30

河北承德避暑山庄普乐寺·1975.10.30

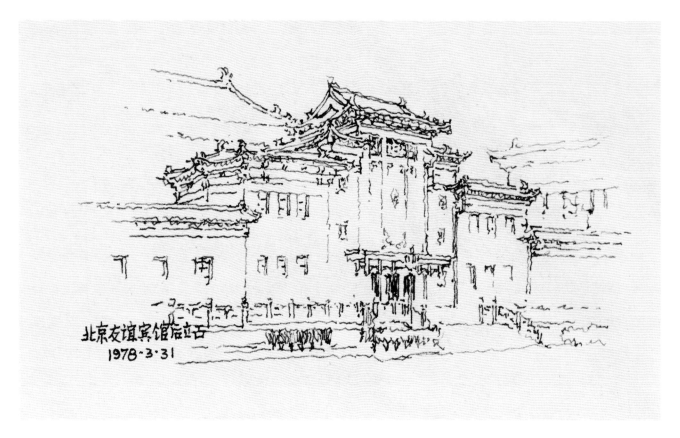

北京友谊宾馆背立面 · 1978.03.31

无锡蠡园·1976.04.10

钦安殿北京
1976·10·17

北京故宫钦安殿 · 1976.10.17

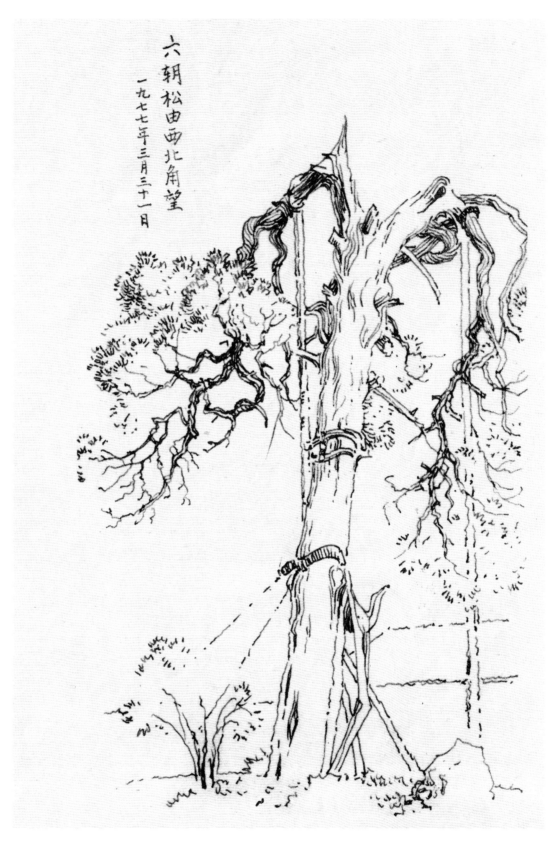

六朝松由西北角望
一九七七年三月三十一日

南京工学院六朝松·1977.03.31

承德小金山
一九七七·五·廿九

河北承德避暑山庄小金山 · 1977.05.29

承德普乐寺旭光阁
1977·5·29

河北承德避暑山庄普乐寺旭光阁·1977.05.29

河北承德避暑山庄须弥福寿寺·1977.05.29

避暑山莊如意洲
一九七七·五·三十

河北承德避暑山庄如意洲·1977.05.30

避暑山庄文津阁一角 一九七七年五月三十日

河北承德避暑山庄文津阁一角 · 1977.05.30

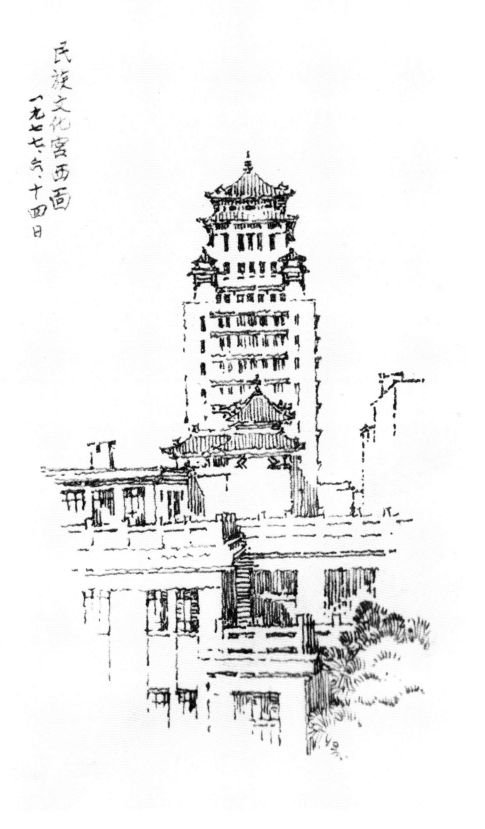

民族文化宫西面
一九七七·六·十四日

北京民族文化宫西面·1977.06.14

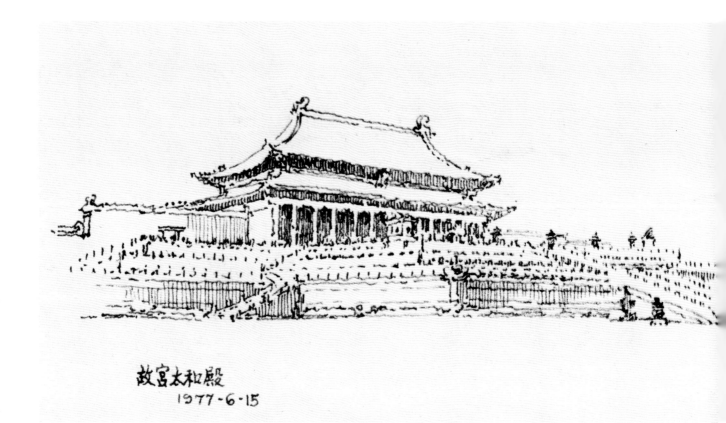

北京故宫太和殿·1977.06.15

明长陵明楼

一九七七、六、二十一

北京明长陵明楼·1977.06.21

北京由北海琼岛春阴望白塔 · 1978.03.16

苏州虎丘塔

苏州虎丘塔 · 1978.10.13

农民运动讲习所
1978·12·5

广州农民运动讲习所·1978.12.05

羊城雲居
一九七八·十二·九

广州羊城云居·1978.12.09

北京国子监

一九七九.四.二十三

北京国子监 · 1979.04.23

北京毛主席纪念堂
1979·4·28

北京毛主席纪念堂·1979.04.28

中共湘赣边界"一大"会址一九二八年五月二十日
1979·6

江西井冈山中共湘赣边界"一大"会址·1979.06

黄洋界槲树
1979·6

江西井冈山黄洋界槲树·1979.06

上海龙华塔
一九七九年七月二十日

上海龙华塔·1979.07.20

厦门石万莲寺·1979.09.17

福建武夷山并莲峰 · 1979.09.22

武夷山玉女峯

一九七九、九、廿二、

福建武夷山玉女峰 · 1979.09.22

福建武夷山武夷宫·1979.09.23

武夷宫旧址
一九七九·九·二十三日

福建武夷山武夷宫旧址·1979.09.23

苏州北寺塔 · 1979.11.18